BEI GRIN MACHT SICH IHR WISSEN BEZAHLT

- Wir veröffentlichen Ihre Hausarbeit,
  Bachelor- und Masterarbeit

- Ihr eigenes eBook und Buch -
  weltweit in allen wichtigen Shops

- Verdienen Sie an jedem Verkauf

Jetzt bei www.GRIN.com hochladen
und kostenlos publizieren

Gregor Kleemann

Grundkurs Mathematik für Wirtschaftswissenschaften

Material zur Vorbereitung auf die Prüfungsklausur

GRIN Verlag

Bibliografische Information der Deutschen Nationalbibliothek:

Die Deutsche Bibliothek verzeichnet diese Publikation in der Deutschen National-
bibliografie; detaillierte bibliografische Daten sind im Internet über http://dnb.d-
nb.de/ abrufbar.

Impressum:

Copyright © 2013 GRIN Verlag GmbH
Druck und Bindung: Books on Demand GmbH, Norderstedt Germany
ISBN: 978-3-656-57925-0

Dieses Buch bei GRIN:

http://www.grin.com/de/e-book/266971/grundkurs-mathematik-fuer-wirtschafts-
wissenschaften

GRIN - Your knowledge has value

Der GRIN Verlag publiziert seit 1998 wissenschaftliche Arbeiten von Studenten, Hochschullehrern und anderen Akademikern als eBook und gedrucktes Buch. Die Verlagswebsite www.grin.com ist die ideale Plattform zur Veröffentlichung von Hausarbeiten, Abschlussarbeiten, wissenschaftlichen Aufsätzen, Dissertationen und Fachbüchern.

Besuchen Sie uns im Internet:

http://www.grin.com/

http://www.facebook.com/grincom

http://www.twitter.com/grin_com

Grundkurs Mathematik für Wirtschaftswissenschaften

-

Material zur Vorbereitung auf die Prüfungsklausur

Inhalt

I

Aufgabe 1: Lineare Gleichungssysteme

Gegeben sei ein lineares Gleichungssystem (LGS) mit folgender Gestalt:

$$
\begin{array}{rcrcrcrcl}
x_1 & + & 2x_2 & + & 3x_3 & + & 4x_4 & = & 0 \\
-x_1 & + & 2x_2 & + & 3x_3 & - & 4x_4 & = & 0 \\
-2x_1 & + & x_2 & - & x_3 & + & x_4 & = & 0 \\
-3x_1 & - & 6x_2 & - & 9x_3 & - & 12x_4 & = & 0
\end{array}
$$

(a) Handelt es sich bei diesem Gleichungssystem um ein homogenes oder ein inhomogenes Gleichungssystem. Begründen Sie Ihre Antwort.

(b) Geben Sie **eine** Lösung des gegeben LGS an, ohne Berechnungen durchzuführen. Erläutern Sie, inwiefern die Erkenntnisse aus Aufgabenteil (a) für diese Lösung von Bedeutung sind.

(c) Überführen Sie das gegebene LGS in Matrixform und überprüfen Sie, ob weitere Lösungen für dieses Gleichungssystem existieren. Geben Sie ggf. alle Lösungen an!

(d) Bezeichnen wir die unter (c) bestimmte Matrix als **A**, so kann das gegebene LGS geschrieben werden als: $\mathbf{A}x = b$ mit $b = \begin{pmatrix} 0 \\ 0 \\ 0 \\ 0 \end{pmatrix}$. Nehmen Sie nun an, der Vektor b verändere sich zu

$b = \begin{pmatrix} -10 \\ 20 \\ -11 \\ \alpha \end{pmatrix}$. Für welchen Wert von Alpha ist das LGS lösbar bzw. für welche Werte ist es unlösbar.

Aufgabe 2: Lösen elementarer Gleichungen
Lösen Sie die folgenden Gleichungen.

(a) $(x+2)(x-4)=0$

(b) $x^4 - 2x^2 - 8 = 0$

(c) $e^{(x^2+2)(x^2-4)} - 1 = 0$

(d) $\ln\left((x^2+2)(x^2-4)\right) = 0$

(e) $\dfrac{x^4 - 2x^2 - 8}{x-2} = 0$

(f) $\dfrac{e^{x+1} - 3}{2\ln e} = -1$

(g) $e^{x-1} - e^{-\left(x^2+x+2\right)} = 0$

(h) $\ln e^{x^2-1} = 3$

(i) $\ln(x+1) - \ln(x+2) = 0$

(j) $\ln\left(\dfrac{x^2}{e^x}\right) = 2\ln x - 3$

1

Aufgabe 3: Stetigkeit und Differenzierbarkeit von Funktionen

Betrachten wir die folgende abschnittweise definierte Funktion f :

$$f_\lambda(x) = \begin{cases} x^2 & x < -1 \\ x^3 + 2x + \lambda & -1 \leq x < 0 \\ \lambda \cos(x) & 0 \leq x \end{cases}$$

(a) Geben Sie den Definitionsbereich von f an!

(b) Geben Sie den Wertebereich der Funktion f für alle $x \geq 0$ an!

(c) Bestimmen Sie den Parameter λ derart, dass die Funktion im gesamten Definitionsbereich stetig ist!

(d) Ist diese Funktion für das gefundene λ zudem im gesamten Definitionsbereich differenzierbar?

Aufgabe 4: Rekonstruktion von Funktionstermen

Gegeben Sei die folgende Funktionsvorschrift:

$$f(x) = \frac{a}{x^2 + 1} - bx$$

Bestimmen Sie die Parameter a und b derart, dass die Funktionsvorschrift die Funktionsvorschrift zu untenstehendem Graphen ist.

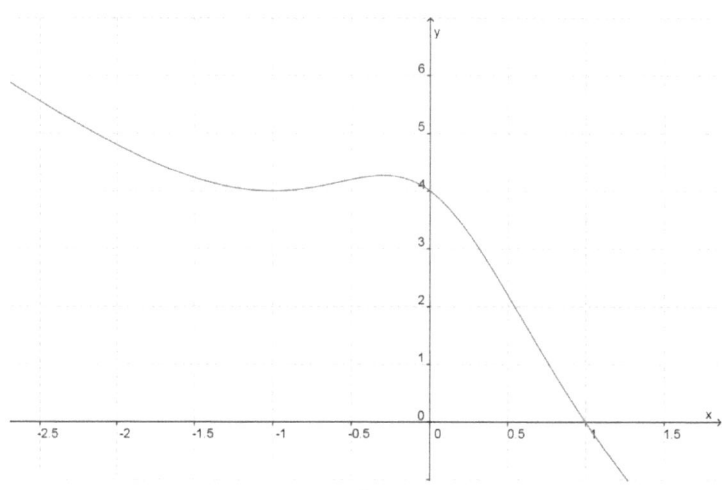

Musterlösung Aufgabe 1

(a) Das LGS liegt in der Form $Ax = 0$ vor, somit handelt es sich um ein homogenes LGS.

(b) $\mathbf{L}_1 = \left\{ \begin{pmatrix} x_1 \\ x_2 \\ x_3 \\ x_4 \end{pmatrix} \middle| \begin{pmatrix} x_1 \\ x_2 \\ x_3 \\ x_4 \end{pmatrix} = \begin{pmatrix} 0 \\ 0 \\ 0 \\ 0 \end{pmatrix} \right\}$. Der Nullvektor (triviale Lösung) ist Lösung jedes

homogenen LGS!

(c) Bestimmung aller Lösungen des homogenen LGS.

$$
\begin{array}{l}
\mathbf{I} \\
\mathbf{II} \\
\mathbf{III} \\
\mathbf{IV}
\end{array}
\begin{pmatrix}
1 & 2 & 3 & 4 \\
-1 & 2 & 3 & -4 \\
-2 & 1 & -1 & 1 \\
-3 & -6 & -9 & -12
\end{pmatrix}
\quad
\begin{array}{l}
\\
|+\mathbf{I} \\
|+2\cdot\mathbf{I} \\
|+3\cdot\mathbf{I}
\end{array}
$$

$$
\begin{array}{l}
\mathbf{I} \\
\mathbf{II} \\
\mathbf{III} \\
\mathbf{IV}
\end{array}
\begin{pmatrix}
1 & 2 & 3 & 4 \\
0 & 4 & 6 & 0 \\
0 & 5 & 5 & 9 \\
0 & 0 & 0 & 0
\end{pmatrix}
\quad
\begin{array}{l}
\\
\left|\cdot\dfrac{1}{2}\right. \\
\\
\end{array}
$$

$$
\begin{array}{l}
\mathbf{I} \\
\mathbf{II} \\
\mathbf{III} \\
\mathbf{IV}
\end{array}
\begin{pmatrix}
1 & 2 & 3 & 4 \\
0 & 2 & 3 & 0 \\
0 & 5 & 5 & 9 \\
0 & 0 & 0 & 0
\end{pmatrix}
\quad
\begin{array}{l}
\\
|\cdot 5 \\
|\cdot(-2) \\
\end{array}
$$

$$
\begin{array}{l}
\mathbf{I} \\
\mathbf{II} \\
\mathbf{III} \\
\mathbf{IV}
\end{array}
\begin{pmatrix}
1 & 2 & 3 & 4 \\
0 & 10 & 15 & 0 \\
0 & -10 & -10 & -18 \\
0 & 0 & 0 & 0
\end{pmatrix}
\quad
\begin{array}{l}
\\
\\
|+\mathbf{II} \\
\end{array}
$$

$$
\begin{array}{l}
\mathbf{I} \\
\mathbf{II} \\
\mathbf{III} \\
\mathbf{IV}
\end{array}
\begin{pmatrix}
1 & 2 & 3 & 4 \\
0 & 10 & 15 & 0 \\
0 & 0 & 5 & -18 \\
0 & 0 & 0 & 0
\end{pmatrix}
\quad
\begin{array}{l}
\\
\\
|+\mathbf{II} \\
\end{array}
$$

Rückführung in Gleichungsform[1]:

$$
\begin{array}{rcrcrcrcl}
x_1 & + & 2x_2 & + & 3x_3 & + & 4x_4 & = & 0 \\
& & 10x_2 & + & 15x_3 & & & = & 0 \\
& & & & 5x_3 & - & 18x_4 & = & 0
\end{array}
$$

---

[1] Dies geschieht hier ausschließlich aus Gründen der Nachvollziehbarkeit der Bestimmung der Lösungsmenge. In Klausuren muss dieser Schritt i.d.R. nicht durchgeführt werden.

Das nun vorliegende LGS besitzt nur noch drei Gleichungen aber weiterhin vier Variablen. Aus diesem Grund hat das LGS einen Freiheitsgrad. Dies bedeutet, dass eine Variable auch in der Lösungsmenge variabel bleibt. Es wird dazu sinnvoller Weise jene Variable ausgewählt, welche in allen drei verbleibenden Gleichungen enthalten ist. Demnach wird die Variable x_3 mit einem Parameter belegt.

$$x_3 = t \quad \text{mit } t \in \square$$

Somit vereinfacht sich das LGS wie folgt:

$$
\begin{array}{rcrcrcrcl}
x_1 & + & 2x_2 & + & 3t & + & 4x_4 & = & 0 \\
 & & 10x_2 & + & 15t & & & = & 0 \\
 & & & & 5t & - & 18x_4 & = & 0
\end{array}
\qquad (1.1)
$$

Aus der letzten Gleichung des LGS (1.1) ergibt sich der Wert für Variable x_4:

$$
\begin{array}{rcrcll}
5t & - & 18x_4 & = & 0 & \left| +18x_4 \right. \\
 & & 18x_4 & = & 5t & \left| \cdot \dfrac{1}{18} \right. \\
 & & x_4 & = & \dfrac{5}{18}t &
\end{array}
$$

Aus der zweiten Gleichung des LGS (1.1) ergibt sich der Wert für Variable x_2:

$$
\begin{array}{rcrcll}
10x_2 & + & 15t & = & 0 & \left| -15t \right. \\
 & & 10x_2 & = & -15t & \left| \cdot \dfrac{1}{10} \right. \\
 & & x_2 & = & -\dfrac{3}{2}t &
\end{array}
$$

Den Wert der Variablen x_1 erhält man, indem die berechneten Werte der Variablen x_2 und x_4 in die erste Zeile des LGS (1.1) eingesetzt werden.

$$
\begin{array}{rclcrcrcll}
x_1 & - & \cancel{2} \cdot \dfrac{3}{\cancel{2}}t + & & 3t & + & 4 \cdot \dfrac{5}{18}t & = & 0 & \\
x_1 & & & & & + & \dfrac{10}{9}t & = & 0 & \left| -\dfrac{10}{9}t \right. \\
x_1 & & & & & & & = & -\dfrac{10}{9}t &
\end{array}
$$

4

Die Lösungsmenge des LGS ist: $\mathbf{L} = \left\{ \begin{pmatrix} x_1 \\ x_2 \\ x_3 \\ x_4 \end{pmatrix} \middle| \begin{pmatrix} x_1 \\ x_2 \\ x_3 \\ x_4 \end{pmatrix} = t \begin{pmatrix} -\dfrac{10}{9} \\ -\dfrac{3}{2} \\ 1 \\ \dfrac{5}{18} \end{pmatrix}, t \in \mathbb{R} \right\}$

(d) Lösung des inhomogenen LGS:

$$\begin{array}{c} \mathbf{I} \\ \mathbf{II} \\ \mathbf{III} \\ \mathbf{IV} \end{array} \left(\begin{array}{ccccc} 1 & 2 & 3 & 4 & -10 \\ -1 & 2 & 3 & -4 & 20 \\ -2 & 1 & -1 & 1 & -11 \\ -3 & -6 & -9 & -12 & \alpha \end{array} \right) \quad |+\mathbf{I}$$

$$\begin{array}{c} \mathbf{I} \\ \mathbf{II} \\ \mathbf{III} \\ \mathbf{IV} \end{array} \left(\begin{array}{ccccc} 1 & 2 & 3 & 4 & -10 \\ 0 & 4 & 6 & 0 & 10 \\ -2 & 1 & -1 & 1 & -11 \\ -3 & -6 & -9 & -12 & \alpha \end{array} \right) \quad |\cdot 2$$

$$\begin{array}{c} \mathbf{I} \\ \mathbf{II} \\ \mathbf{III} \\ \mathbf{IV} \end{array} \left(\begin{array}{ccccc} 2 & 4 & 6 & 8 & -20 \\ 0 & 4 & 6 & 0 & 10 \\ 0 & 5 & 5 & 9 & -31 \\ -3 & -6 & -9 & -12 & \alpha \end{array} \right) \quad \begin{array}{l} |\div 2 \\ \\ \\ |\div 3 \end{array}$$

$$\begin{array}{c} \mathbf{I} \\ \mathbf{II} \\ \mathbf{III} \\ \mathbf{IV} \end{array} \left(\begin{array}{ccccc} 1 & 2 & 3 & 4 & -10 \\ 0 & 4 & 6 & 0 & 10 \\ 0 & 5 & 5 & 9 & -31 \\ -1 & -2 & -3 & -4 & \frac{1}{3}\alpha \end{array} \right) \quad |+\mathbf{I}$$

$$\begin{array}{c} \mathbf{I} \\ \mathbf{II} \\ \mathbf{III} \\ \mathbf{IV} \end{array} \left(\begin{array}{ccccc} 1 & 2 & 3 & 4 & -10 \\ 0 & 4 & 6 & 0 & 10 \\ 0 & 5 & 5 & 9 & -31 \\ 0 & 0 & 0 & 0 & \frac{1}{3}\alpha - 10 \end{array} \right) \quad |\div 2$$

$$\begin{array}{c} \mathbf{I} \\ \mathbf{II} \\ \mathbf{III} \\ \mathbf{IV} \end{array} \left(\begin{array}{ccccc} 1 & 2 & 3 & 4 & -10 \\ 0 & 2 & 3 & 0 & 5 \\ 0 & 5 & 5 & 9 & -31 \\ 0 & 0 & 0 & 0 & \frac{1}{3}\alpha - 10 \end{array} \right) \quad \begin{array}{l} |\cdot 5 \\ |\cdot (-2) \end{array}$$

$$
\begin{array}{l}
\text{I} \\
\text{II} \\
\text{III} \\
\text{IV}
\end{array}
\left(
\begin{array}{ccccc}
1 & 2 & 3 & 4 & -10 \\
0 & 10 & 15 & 0 & 25 \\
0 & -10 & -10 & -18 & 62 \\
0 & 0 & 0 & 0 & \dfrac{1}{3}\alpha - 10
\end{array}
\right)
\qquad \big|+\mathbf{II}
$$

$$
\begin{array}{l}
\text{I} \\
\text{II} \\
\text{III} \\
\text{IV}
\end{array}
\left(
\begin{array}{ccccc}
1 & 2 & 3 & 4 & -10 \\
0 & 10 & 15 & 0 & 25 \\
0 & 0 & 5 & -18 & 87 \\
0 & 0 & 0 & 0 & \dfrac{1}{3}\alpha - 10
\end{array}
\right)
\hspace{3cm}(1.2)
$$

Das LGS kann ausschließlich dann lösbar sein, wenn die letzte Zeile (Zeile IV) im umgeformten LGS (1.2) eine Nullzeile ist [Rangkriterium]. Die Frage ist demnach, welchen Wert muss der Parameter α annehmen, sodass $\dfrac{1}{3}\alpha - 10$ null wird.

Mathematisch:
$$
\begin{array}{rcll}
\dfrac{1}{3}\alpha - 10 & = & 0 & \big|+10 \\[2mm]
\dfrac{1}{3}\alpha & = & 10 & \big|\cdot 3 \\[2mm]
\hline
\alpha & = & 30 &
\end{array}
$$

Das LGS ist demnach ausschließlich dann lösbar, wenn α den Wert 30 annimmt.

Die Lösung des LGS für $\alpha = 30$ ist[2]:

$$
\mathbf{L} = \left\{
\left.
\begin{pmatrix} x_1 \\ x_2 \\ x_3 \\ x_4 \end{pmatrix}
\right|
\begin{pmatrix} x_1 \\ x_2 \\ x_3 \\ x_4 \end{pmatrix}
=
\begin{pmatrix} -10 \\ \dfrac{5}{2} \\ 0 \\ -\dfrac{29}{6} \end{pmatrix}
+ t
\begin{pmatrix} -\dfrac{10}{9} \\ -\dfrac{3}{2} \\ 1 \\ \dfrac{5}{18} \end{pmatrix}
, t \in \Box
\right\}
$$

---

[2] Dies war laut Aufgabenstellung jedoch nicht gefragt. Der Lösungsweg ist deshalb nicht angegeben.

Musterlösung Aufgabe 2

(a) $(x+2)(x-4)$ $= 0$ $\Rightarrow \mathbf{L} = \{x \mid x = -2 \lor x = 4\}$

(b) $x^4 - 2x^2 - 8$ $= 0$ $\mid x^2 = z$

$z^2 - 2z - 8$ $= 0$ $\mid p - q - Formel$

$z_{1;2}$ $= 1 \pm \sqrt{9}$

z_1 $= 4 \Rightarrow \underline{\underline{x_{1,2} = \sqrt{4} = \pm 2}}$

z_2 $= -2 \Rightarrow x_{3,4} = \sqrt{-2} \notin \mathbb{D}$

(c) $e^{(x^2+2)(x^2-4)} - 1$ $= 0$ $\mid +1$

$e^{(x^2+2)(x^2-4)}$ $= 1$ $\mid \ln$

$(x^2 + 2)(x^2 - 4)$ $= 0$

$\underline{\underline{x_{1,2}}}$ $= \pm\sqrt{4} = \pm 2$

$x_{3,4}$ $= \pm\sqrt{-2} \notin \mathbb{D}$

(d) $\ln\left((x^2+2)(x^2-4)\right)$ $= 0$ $\mid e^{(\ )}$

$(x^2+2)(x^2-4)$ $= 1$

$x^4 - 2x^2 - 8$ $= 1$ $\mid -1$

$x^4 - 2x^2 - 9$ $= 0$ $\mid x^2 = z$

$z^2 - 2z - 9$ $= 0$

$z_{1,2}$ $= 1 \pm \sqrt{10}$

$\underline{\underline{x_{1,2}}}$ $= \pm\sqrt{1 + \sqrt{10}}$

$x_{3,4}$ $= \pm\sqrt{1 - \sqrt{10}} \notin \mathbb{D}$

(e) $\dfrac{x^4 - 2x^2 - 8}{x - 2}$ $= 0$

$\dfrac{(x^2+2)(x^2-4)}{x-2}$ $= 0$

$\dfrac{(x^2+2)\,\cancel{(x-2)}\,(x+2)}{\cancel{x-2}}$ $= 0$

$\underline{\underline{x_1}}$ $= -2$

$x_{2,3}$ $= \pm\sqrt{-2} \notin \mathbb{D}$

(f) $\dfrac{e^{x+1}-3}{2\ln e}$ $\qquad = -1$ $\qquad\qquad |\cdot 2$

$\quad e^{x+1}-3$ $\qquad\quad = -2$ $\qquad\qquad |+3$

$\quad e^{x+1}$ $\qquad\qquad\ = 1$ $\qquad\qquad\ |\ln$

$\quad x+1$ $\qquad\qquad\ \ = 0$ $\qquad\qquad\ |-1$

$\quad \underline{\underline{x \qquad\qquad\qquad\ = -1}}$

(g) $e^{x-1}-e^{-\left(x^2+x+2\right)}$ $\quad = 0$

$\quad e^{x-1}$ $\qquad\qquad\quad = e^{-\left(x^2+x+2\right)}$ $\qquad |\ln$

$\quad x-1$ $\qquad\qquad\quad\ = -x^2-x-2$ $\qquad |-x+1$

$\quad -x^2-2x-1$ $\qquad\ = 0$ $\qquad\qquad\qquad |\cdot(-1)$

$\quad x^2+2x+1$ $\qquad\quad = 0$

$\quad x_{1,2}$ $\qquad\qquad\qquad = -1\pm\sqrt{1-1}$

$\quad \underline{\underline{x_{1,2} \qquad\qquad\quad = -1}}$

(h) $\ln e^{x^2-1}$ $\qquad\qquad = 3$

$\quad x^2-1$ $\qquad\qquad\quad = 3$

$\quad x^2$ $\qquad\qquad\qquad\ = 4$ $\qquad\qquad\ |\sqrt{\ }$

$\quad \underline{\underline{x_{1,2} \qquad\qquad\qquad = \pm 2}}$

(i) $\ln(x+1)-\ln(x+2)$ $= 0$ $\qquad\qquad |+\ln(x+2)$

$\quad \ln(x+1)$ $\qquad\qquad = \ln(x+2)$ $\qquad |e^{(\ )}$

$\quad x+1$ $\qquad\qquad\qquad = x+2$ $\qquad\qquad |-x$

$\quad 1$ $\qquad\qquad\qquad\quad = 2$ $\qquad\qquad\ \ |f.A.$

$\quad \underline{\underline{\mathbf{L}=\{\ \}}}$

(j) $\ln\left(\dfrac{x^2}{e^x}\right)$ $\qquad\quad = 2\ln x-3$

$\quad 2\ln x-x\ln e$ $\qquad = 2\ln x-3$ $\qquad |-2\ln x$

$\quad -x$ $\qquad\qquad\qquad = -3$ $\qquad\qquad |\cdot(-1)$

$\quad \underline{\underline{x \qquad\qquad\qquad\ = 3}}$

Musterlösung Aufgabe 3

(a) Um den Definitionsbereich festlegen zu können, muss die Frage beantwortet werden: Welche x-Werte sorgen dafür, dass beim Einsetzen dieser in die Funktion ein mathematisch nicht definierter Ausdruck entsteht? Jene x-Werte gehören nicht zum Definitionsbereich der Funktion. Beispielsweise ist die Funktion $g(x) = \dfrac{1}{x}$ für den Wert $x = 0$ nicht definiert. Dementsprechend ist der Definitionsbereich dieser Funktion g: $\mathbf{DB}(g) = x \in \square \setminus \{0\}$.

Die in der Aufgabe betrachtet Funktion f besteht aus den Abschnitten x^2, $x^3 + 2x + \lambda$ und $\lambda \cos(x)$. Für jeden dieser Abschnitte existieren keine x-Werte, die zu einem nicht definierten Ausdruck führen. Dementsprechend muss der Definitionsbereich nicht eingeschränkt werden. Es gilt: $\mathbf{DB}(f) = x \in \square$

(b) Laut Aufgabenstellung ist der Wertebereich für alle x-Werte die größer oder gleich Null sind gefragt. Es wird demzufolge lediglich der Abschnitt $\lambda \cos(x)$ betrachtet.

Nun ist die Frage zu beantworten, welche y-Werte durch diesen Abschnitt „erreicht" werden. Hierzu ist es sinnvoll, sich den Graphen der Kosinusfunktion zu vergegenwärtigen:

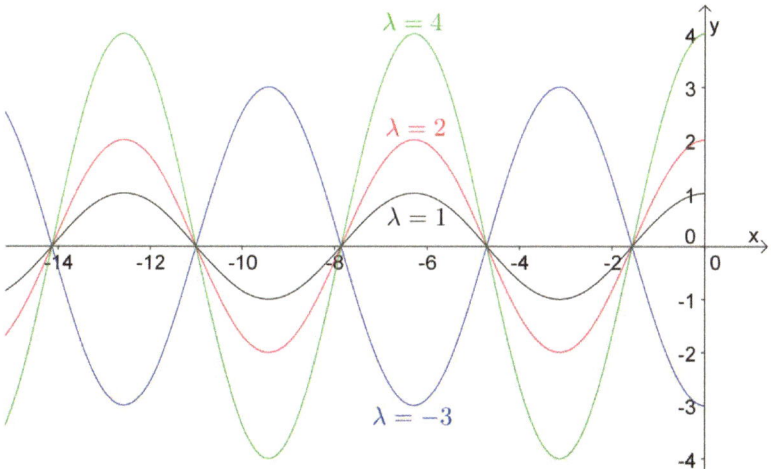

Abbildung 1: Kosinusfunktion

In der Abbildung sind die Funktionsgraphen $f(x) = \cos(x)$ (schwarz), $f(x) = 2\cos(x)$ (rot), $f(x) = -3\cos(x)$ (blau) und $f(x) = 4\cos(x)$ (grün) in Ausschnitten ersichtlich.

Es ist leicht erkennbar:

- dass sich alle y-Werte der Funktion $f(x) = \cos(x)$ (also für $\lambda = 1$) zwischen -1 und +1 befinden.
- dass sich alle y-Werte der Funktion $f(x) = 2\cos(x)$ (also für $\lambda = 2$) zwischen -2 und +2 befinden.
- dass sich alle y-Werte der Funktion $f(x) = -3\cos(x)$ (also für $\lambda = -3$) zwischen -3 und +3 befinden.
- dass sich alle y-Werte der Funktion $f(x) = 4\cos(x)$ (also für $\lambda = 4$) zwischen -4 und +4 befinden.

Als Schlussfolgerung daraus lässt sich ableiten:

Alle y-Werte der Funktion $f(x) = \lambda\cos(x)$ liegen zwischen den $-\lambda$ und $+\lambda$. Für den Wertebereich ergibt sich demnach:

$$\mathbf{WB}_{x \geq 0}(f) = \left\{ x \middle| -\lambda \leq x \leq \lambda; x \in \square \right\}$$

(c) Um die Überlegungen, welche beim Lösen dieser Aufgabe nachzuvollziehen sind, zu unterstützen ist zunächst folgenden Darstellung der Funktion f hilfreich:

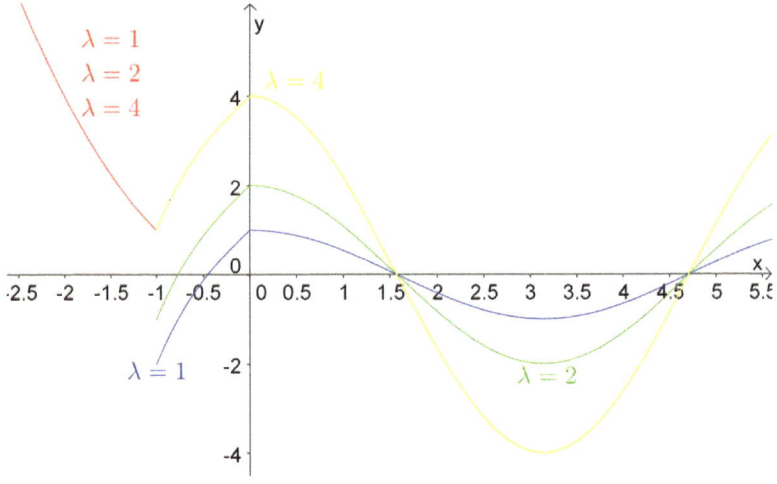

Abbildung 2: Funktionsgraphen von f(x)

Die einzelnen Abschnitt der Funktion x^2, $x^3 + 2x + \lambda$ und $\lambda\cos(x)$ sind jeweils für sich stetig (Schulwissen). Einzig an den Stellen der Übergänge zwischen den einzelnen Abschnitten der Funktion können Unstetigkeiten auftreten. Visualisiert sind in Abbildung 2 die Funktionen:

10

$$f_1(x) = \begin{cases} x^2 & x < -1 \\ x^3 + 2x + 1 & -1 \le x < 0 \\ \cos(x) & 0 \le x \end{cases} \qquad \text{(in blau und rot)}$$

$$f_2(x) = \begin{cases} x^2 & x < -1 \\ x^3 + 2x + 2 & -1 \le x < 0 \\ 2\cos(x) & 0 \le x \end{cases} \qquad \text{(in grün und rot)}$$

$$f_4(x) = \begin{cases} x^2 & x < -1 \\ x^3 + 2x + 4 & -1 \le x < 0 \\ 4\cos(x) & 0 \le x \end{cases} \qquad \text{(in gelb und rot)}$$

Der rote Abschnitt in Abbildung 2 gehört zu jeder Funktion $f_\lambda(x)$. Dies lässt sich leicht erklären, ist dieser Abschnitt doch durch die Funktionsvorschrift $f_\lambda(x) = x^2$ gekennzeichnet. Wie leicht zu erkennen ist, hängt dieser Abschnitt nicht vom Parameter λ ab. Demnach verändert sich der Funktionsgraph dieses Abschnittes nicht, falls sich der Parameter λ verändert. Die beiden anderen Abschnitte sind vom Parameter λ abhängig und ändern demnach ihren Funktionsgraphen bei Änderung des Parameters.

Exkurs: Wann ist eine Funktion an einer Stelle stetig?
Eine Funktion ist an der Stelle x_s stetig, genau dann wenn:

1. Der linksseitige Grenzwert an der Stelle x_s dem rechtsseitigen Grenzwert an der Stelle x_s entspricht.

2. Wenn der Grenzwert aus 1. Dem Funktionswert an der Stelle x_s entspricht.

Mathematisch bedeutet dies nichts anderes als:

$$\underbrace{\lim_{\substack{x \to x_s \\ x < x_s}} f_\lambda(x) = f_\lambda(x_s)}_{\substack{linksseitiger \\ Grenzwert}} \quad \text{und} \quad \underbrace{\lim_{\substack{x \to x_s \\ x > x_s}} f_\lambda(x) = f_\lambda(x_s)}_{\substack{rechtsseitiger \\ Grenzwert}} \qquad (1.3)$$

In der konkreten Aufgabe sind die kritischen Stellen, an denen auf Stetigkeit untersucht werden muss, die Stellen $x_s = -1$ und $x_s = 0$. Dies sind gerade die Stellen, an denen sich die Übergange von einem Abschnitt zum anderen Abschnitt befinden.

Untersuchung an der Stelle $x_s = -1$:

$$\lim_{\substack{x \to -1 \\ x < -1}} x^2 = (-1)^2 = 1$$

$$f_\lambda(-1) = (-1)^3 + 2(-1) + \lambda = -3 + \lambda$$

11

Da aus (1.3) hervorgeht für die Stetigkeit zumindest gelten muss, dass $\lim\limits_{\substack{x \to x_s \\ x<x_s}} f_\lambda(x) = f_\lambda(x_s)$ muss nun noch bestimmt werden, für welchen λ-Wert diese Gleichheit zutrifft.

$$\lim\limits_{\substack{x \to x_s \\ x<x_s}} f_\lambda(x) \qquad = f_\lambda(x_s)$$

$$1 \qquad\qquad\qquad = -3 + \lambda \qquad\qquad |+3$$

$$\underline{\lambda \qquad\qquad\qquad = 4}$$

Interpretation: Für $\lambda = 4$ entspricht der linksseitige Grenzwert an der Stelle $x_s = -1$ dem Funktionswert an der Stelle $x_s = -1$.

Es darf an dieser nun noch nicht geschlussfolgert werden, dass die Funktion für $\lambda = 4$ an der Stelle $x_s = -1$ stetig ist. Aus (1.3) geht schließlich hervor, dass zudem die Gleichung $\lim\limits_{\substack{x \to x_s \\ x>x_s}} f_\lambda(x) = f_\lambda(x_s)$ erfüllt sein muss. Es ist nun aber schon bekannt, dass

λ in dieser Gleichung der Wert 4 annehmen muss, ansonsten kann an der Stelle $x_s = -1$ keine Stetigkeit vorliegen, da die erste Bedingung aus (1.3) nicht erfüllt wäre.

$$\left.\begin{aligned}\lim\limits_{\substack{x \to -1 \\ x>-1}} f_4(x) \quad &= (-1)^3 + 2(-1) + 4 = 1 \\ f_4(-1) \quad &= (-1)^3 + 2(-1) + 4 = 1\end{aligned}\right\} \lim\limits_{\substack{x \to -1 \\ x>-1}} f_4(x) = f_4(-1)$$

Jetzt ist Sicher, dass die Funktion für $\lambda = 4$ an der Stelle $x_s = -1$ stetig ist.

Laut Aufgabenstellung ist ein λ zu bestimmen, für welches die Funktion im gesamten Definitionsbereich stetig ist. Als weitere kritische Stelle $x_s = 0$ weiter oben benannt. Es ist demnach abschließend zu prüfen, ob die Funktion für $\lambda = 4$ auch an der Stelle $x_s = 0$ stetig ist. Dafür werden wieder die beiden Bedingungen aus (1.3) überprüft.

Erste Bedingung:

$$\left.\begin{aligned}\lim\limits_{\substack{x \to 0 \\ x<0}} f_4(x) &= 0^3 + 2 \cdot 0 + 4 = 4 \\ f_4(0) &= 4\cos(0) = 4 \cdot 1 = 4\end{aligned}\right\} \lim\limits_{\substack{x \to 0 \\ x<0}} f_4(x) = f_4(0)$$

Zweite Bedingung:

$$\left.\begin{aligned}\lim\limits_{\substack{x \to 0 \\ x>0}} f_4(x) &= 4\cos(0) = 4 \cdot 1 = 4 \\ f_4(0) &= 4\cos(0) = 4 \cdot 1 = 4\end{aligned}\right\} \lim\limits_{\substack{x \to 0 \\ x>0}} f_4(x) = f_4(0)$$

Resultat: Die Funktion ist für den λ-Wert 4 stetig.

Funktionsvorschrift für eine stetige Funktion:

$$f_4(x) = \begin{cases} x^2 & x < -1 \\ x^3 + 2x + 4 & -1 \leq x < 0 \\ 4\cos(x) & 0 \leq x \end{cases} \qquad \text{(in gelb und rot)}$$

(d) Die Ableitung der gefunden stetige Funktion lautet (Schulwissen):

$$f_4{}'(x) = \begin{cases} 2x & x < -1 \\ 3x^2 + 2 & -1 \leq x < 0 \\ -4\sin(x) & 0 \leq x \end{cases}$$

Graphische Darstellung der Ableitung:

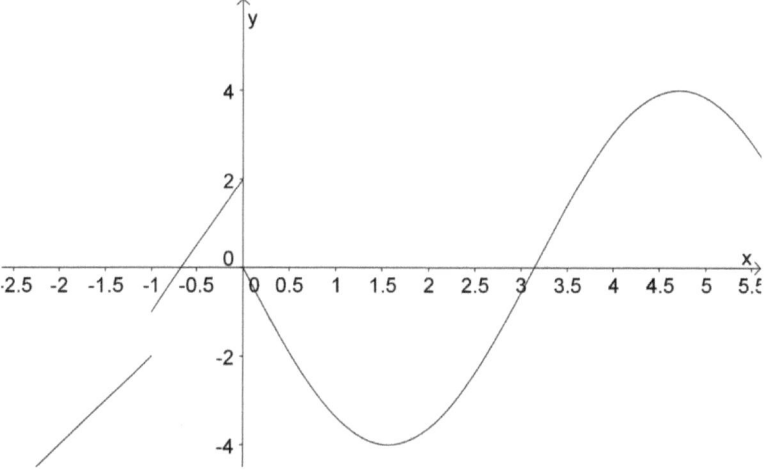

Abbildung 3: Ableitung

Abbildung 3 veranschaulicht bereits, dass die Funktion nicht im gesamten Definitionsbereich differenzierbar ist. Es ist leicht zu erkennen, dass an den Stellen $x = -1$ und $x = 0$ die Ableitung der Funktion davon abhängt, von welcher Seite man sich diesen Stellen nähert. Somit kann die Funktion an diesen Stellen nicht differenzierbar sein.

Für die Bearbeitung einer solchen Aufgabenstellung ist hinreichend zu überprüfen, ob die Ableitung selbst stetig ist. Ist die Ableitung stetig, so ist die Funktion im gesamten Definitionsbereich differenzierbar. Ist die Ableitung auch nur an einer Stelle unstetig, so ist die Funktion NICHT im gesamten Definitionsbereich differenzierbar.

Also ist die Stetigkeit der Ableitung an den Stellen $x = -1$ und $x = 0$ zu untersuchen. Dafür werden wieder die Bedingungen aus (1.3) überprüft.

13

Erste Bedingung:

$$\left.\begin{array}{l} \lim\limits_{\substack{x \to -1 \\ x < -1}} f_4{}'(x) = 2 \cdot (-1) = -2 \\[2mm] f_4{}'(-1) = 3 \cdot (-1) + 2 = -1 \end{array}\right\} \lim\limits_{\substack{x \to -1 \\ x < -1}} f_4{}'(x) \neq f_4{}'(-1)$$

Bereits die erste Bedingung ist nicht erfüllt. Somit kann die Funktion NICHT im gesamten Definitionsbereich differenzierbar sein. Eine weitere Untersuchung an der Stelle $x = 0$ ist nicht nötig.

Musterlösung Aufgabe 4

In der Funktionsvorschrift sind zwei Parameter zu bestimmen (a und b). Aus diesem Grund müssen zwei Gleichungen mit den Variablen a und b aufgestellt werden, welche dann mit Hilfe von Lösungsverfahren für lineare Gleichungssysteme berechnet werden können. Dafür werden zwei Punkt aus dem Graphen abgelesen. Natürlich sollte man Punkte wählen, die eindeutig ablesbar sind. Hier wurden beispielsweise die Punkt A und B gewählt:

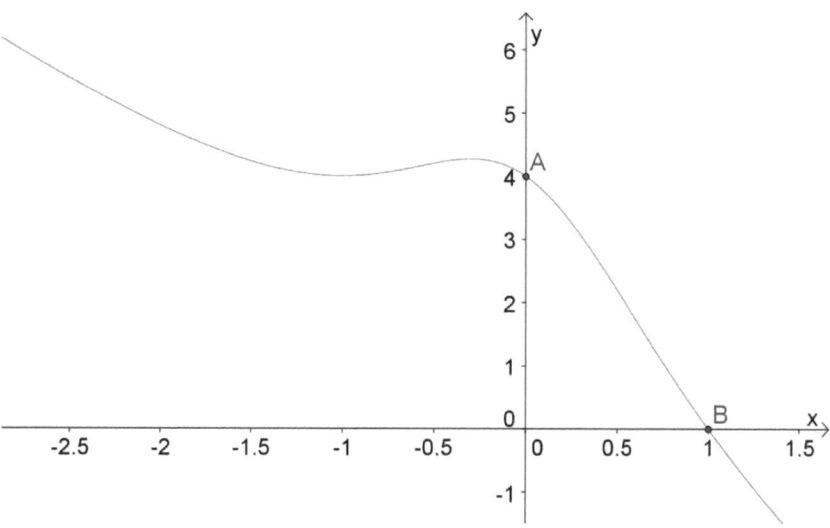

Abbildung 4: Punkte auf dem Graphen

Gewählte Punkte: $\mathbf{A}(0|4)$, $\mathbf{B}(1|0)$

Mit Hilfe dieser beiden Punkte lassen sich die Parameter sehr einfach bestimmen. Zunächst wird Punkt A in die Funktionsvorschrift eingesetzt:

$$f(0) \qquad = 4$$

$$\frac{a}{0^2+1} - b\cdot 0 \quad = 4$$

$$\underline{\underline{a \qquad\qquad = 4}}$$

Der Parameter a könnte somit unmittelbar bestimmt werden. $a = 4$

Nun wird Punkt B in die Funktionsvorschrift eingesetzt:

$$f(1) \qquad = 0$$

$$\frac{a}{1^2+1} - b\cdot 1 \quad = 0$$

Da Parameter a bekannt ist, wird nun auch dieser in die Gleichung eingesetzt und es kann Parameter b direkt bestimmt werden:

$$\frac{4}{1^2+1} - b \cdot 1 = 0$$

$$2 - b = 0 \qquad |+b$$

$$\underline{\underline{b \qquad\qquad = 2}}$$

Die gesuchte Funktion hat demnach die Gestalt:

$$f(x) = \frac{4}{x^2+1} - 2x$$

Bei Fragen und Anregungen stehe ich gern unter der folgenden E-Mail-Adresse zur Verfügung: Kleemann@anpa.de